AF586998

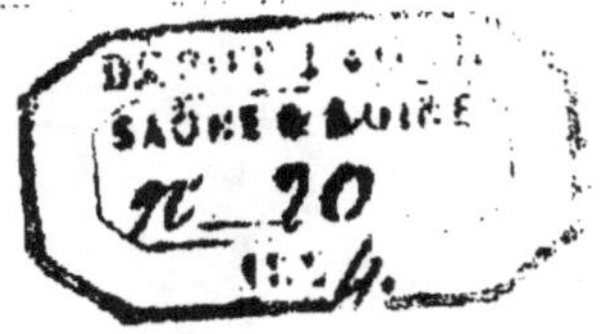

NOTES AGRICOLES.

RÉSUMÉ DES OPÉRATIONS

DE LA

SOCIÉTÉ D'AGRICULTURE

D'AUTUN

PENDANT L'ANNÉE 1854

AUTUN

IMPRIMERIES DE DEJUSSIEU ET L. VILLEDEY.

1854

RÉSUMÉ DES PRINCIPAUX ACTES

DE LA

SOCIÉTÉ D'AGRICULTURE D'AUTUN

PENDANT L'ANNÉE 1853.

Plusieurs actes récents de la Société d'agriculture d'Autun exerceront une grande influence sur l'avenir agricole du pays. Au moyen des ressources que le gouvernement et le département avaient mises à sa disposition, cette Société a pris les mesures les plus efficaces pour encourager et même réaliser immédiatement l'amélioration de nos différentes races de bestiaux.

En même temps, elle recevait encore de la munificence de M. le Ministre de l'agriculture, avec un sentiment de reconnaissance qu'elle ne saurait exprimer trop vivement, une subvention considérable lui permettant d'introduire dans l'Autunois l'utile procédé du drainage.

Il est nécessaire de donner quelques éclaircissements sur chacun de ces objets.

Dans sa séance du 10 décembre 1852, il fut annoncé

à la Société qu'une somme de 600 fr. lui était accordée par M. le Préfet, en conséquence d'une décision du Conseil général, et sur l'avis exprimé par la Chambre consultative d'agriculture; que cette subvention était destinée à acheter un taureau charollais ou nivernais, ayant du sang Durham; enfin que ce taureau devait être placé chez un agriculteur de l'arrondissement, qui le livrerait à la saillie.

La Société pria deux de ses membres, MM. de Vitry et Charleux, agriculteurs et éleveurs habiles, de se livrer aux recherches que nécessitait un bon choix, d'acheter le reproducteur le plus propre à être croisé avec les vaches de la localité. Elle les autorisa même à outre-passer, s'il le fallait, la somme dont il vient d'être parlé.

Par suite de ce mandat, un beau taureau nivernais-durham, âgé de trois ans, fut acheté, amené à Autun et placé, à trois kilomètres de cette ville, dans la ferme de Margenne exploitée par M. André, vétérinaire, membre de la Société.

Un avis inséré dans l'*Echo de Saône-et-Loire*, journal de la ville d'Autun, prévint les agriculteurs que ce taureau demeurait à leur disposition moyennant la faible rétribution de 1 fr. par saillie. Il fut recommandé à M. André de ne point admettre les vaches défectueuses et qui lui sembleraient impropres à donner des produits convenables.

Dans le cours d'une année, 81 saillies ont eu lieu; la plupart des extraits obtenus, et qui sont en rapport avec le nombre des saillies, sont bien conformés et promettent des animaux supérieurs à la plupart de ceux du pays.

Le taureau a recommencé, avec l'année 1854, une nouvelle campagne qui donnera, selon toute apparence, un semblable résultat.

Par une délibération prise le 10 juin 1853, la Société d'agriculture avait décidé que, le 3 septembre suivant, aurait lieu, ainsi que les années précédentes, une distribution publique de médailles et de primes, après exhibition et concours d'animaux de différentes espèces. Le programme suivant reçut la plus grande publicité :

Six valets ou servantes de ferme, résidant depuis longtemps chez les mêmes maîtres, devaient recevoir six primes ensemble d'une valeur de 200 fr. et, en outre, chacun une médaille en argent du prix de 12 fr. 50 c.

Il était accordé pour cultures fourragères (prairies naturelles et artificielles) quatre médailles ensemble de la valeur de 200 fr., savoir : deux médailles pour les prairies naturelles et deux autres pour les prairies artificielles. Le prix de chacune des médailles ne devait être déterminé qu'après la décision prononcée par la commission des primes.

Pour des exploitations présentant, relativement à leur étendue, la plus forte proportion de beaux bestiaux, une somme de 300 fr. à distribuer en deux ou trois primes ou médailles.

Il était observé que les exploitations déjà primées précédemment, pour cultures fourragères ou pour ensemble de beaux bestiaux, ne pourraient l'être de nouveau, qu'autant qu'elles présenteraient, sur l'année où la première prime aurait été obtenue, une notable extension des cultures ou une nouvelle amélioration dans les animaux.

Dans une deuxième catégorie devaient figurer les animaux d'espèces chevaline, bovine, ovine et porcine.

Un prix de 500 fr. serait couru sur l'hippodrome de la Société Impériale des Courses d'Autun, et trois primes, la première de 180 fr., la deuxième de 120 fr., la troisième de 100 fr., seraient décernées aux plus beaux produits de l'espèce chevaline. Devaient être admis au concours tous chevaux entiers ou hongres et toutes juments n'ayant pas eu 5 ans au 1er janvier 1853, nés, dans l'arrondissement d'Autun, d'une jument appartenant à un habitant de l'arrondissement, ou ayant été, depuis l'âge d'un an, élevés dans cet arrondissement.

Il était promis quatre primes, la première de 120 fr., la deuxième de 100 fr., la troisième de 60 fr., la quatrième de 40 fr., aux quatre plus beaux taureaux; quatre primes, ensemble de la valeur de 220 fr., divisées au gré de la commission, aux plus belles génisses et aux plus belles vaches accompagnées de leur suivant. Pour être admis au concours, les taureaux ou génisses devaient être âgés de 1 à 3 ans; les vaches ne devaient pas dépasser l'âge de 5 ans; tous devaient être nés et avoir été élevés dans l'arrondissement. Cependant on admettrait au concours les taureaux, vaches et génisses de races charollaise ou nivernaise, importés dans l'arrondissement antérieurement au 1er janvier 1853.

Deux primes, ensemble de la valeur de 140 fr., étaient promises aux deux plus beaux béliers nés ou introduits dans l'arrondissement d'Autun.

Deux primes, ensemble de la valeur de 60 fr., devaient être décernées au plus beau verrat et à la plus belle truie.

Les animaux primés les années précédentes étaient aptes à concourir de nouveau, mais seulement pour les primes au moins égales et non inférieures à celles qu'ils auraient déjà obtenues.

Au jour indiqué, une grande affluence de cultivateurs et d'amateurs de beaux bestiaux vint animer la vaste promenade des Marbres; des animaux de toutes les espèces désignées au programme, la plupart d'une rare distinction, supérieurs à tout ce qu'on avait vu aux exhibitions précédentes, furent amenés à cette fête de l'agriculture.

Après un long et minutieux examen, la commission fit conduire dans une enceinte réservée les animaux reconnus dignes d'être primés.

M. le sous-préfet baron Pétiet adressa des félicitations méritées aux lauréats ; il dut vivement impressionner ce nombreux auditoire d'habitants de nos campagnes se pressant autour de la tribune improvisée, lorsqu'il termina par ces paroles : « N'avez-vous pas, les premiers, fait entendre le cri d'indignation qui a intimidé l'anarchie, donné au sauveur de la France un concours plein de désintéressement, preuve de votre reconnaissance et surtout de son dévouement aux véritables intérêts du pays ! »

Alors furent décernées les primes et médailles, et proclamés les lauréats, dans l'ordre suivant, établi par catégories :

1re CATÉGORIE.

Valets de ferme.

Boudot, de Saint-Didier, prime de fr.	50	Total 200.
Desvignes, de La Tagnière, prime de	45	
Gauthey, de La Grande-Verrière, prime de	35	
Baudequin (Marie), prime de . .	30	
Buffenoir (Philibert), prime de .	20	
Dupuis (Etiennette), prime de .	20	

Et à chacun, en outre, une médaille en argent du prix de 12 fr. 50 . . Total 75.

Cultures fourragères. — Prairies naturelles.

M. Hubert de Lagoutte du Vivier, propriétaire-agricult. au Foing, une médaille d'or de . . fr. 80

M. Henri Rolet, agriculteur, maire d'Auxy, une médaille d'or de . 60

M. Dupart (Claude), fermier à La Croix-Volot, une médaille d'argent de. . . . . 40 Total 280.

Prairies artificielles.

M. Contassot (Claude), fermier à Saint-Pierre-de-Varennes, une médaille d'or de 60

M. Contassot (Pierre), fermier à Saint-Pierre-de-Varennes, une médaille d'argent de 40

Ensemble de beaux bestiaux. [1]

M. Edouard de Vitry, propriétaire-agriculteur à Cernat, médaille d'or de. . . . . 120 [2] ci 120.

[1] Une somme de 100 fr. restant disponible sur ce chapitre, la commission a décidé qu'on en accroîtrait le nombre des primes aux bêtes bovines.

[2] Plusieurs demandes envoyées tardivement n'ont pu être soumises à l'examen de la Commission.

DEUXIÈME CATÉGORIE.

Espèce chevaline.

M. Etienne de Vitry, de St-Gratien, prix de course sur l'hippodrome, de	fr. 500	Total 900.
M. Contassot (Claude), pour une pouliche bai-châtain âgée de 3 ans, prime de	180	
M. Buffaittrille (Paul), d'Autun, pour un poulain bai-clair âgé de 3 ans, prime de . . .	120	
M. Grillot, propriétaire-cultivateur au Bois-Saint-Jean, pour une pouliche poil louvet âgée de deux ans, prime de . . .	100	
Mention honorable a été décernée à M. Bonnabeau, d'Autun, pour une pouliche poil gris-étourneau âgée de 2 ans, laquelle aurait obtenu une prime de 50 fr. si, en 1852, elle n'en eût obtenu une d'ordre supérieur.		

Espèce bovine. — Taureaux.

M. Edouard de Vitry, première prime de . . . . . . fr.	120	Total 370.
M. Bard, propriétaire-agriculteur à Saint-Symphorien-de-Marmagne, deuxième prime de . .	100	
M. Gien, fermier à Saint-Symphorien-de-Marmagne, troisième prime de	60	
M. Bazin, maître de poste à Autun, quatrième prime de. . . .	50	
M. Lhomme de Mercey, d'Etang, cinquième prime de. . . .	40	

M. de Vitry aurait eu droit à la deuxième prime, s'il n'eût volontairement retiré un de ses taureaux du concours.

Génisses.

M. Edouard de Vitry, première prime de . . . . fr.	80	Total 270.
M. Guillon (François), cultivateur à Tavernay, deuxième prime de	60	
M. Bazin, troisième prime de . .	50	
M. Rey, quatrième prime de . .	40	
M. Edouard de Vitry, cinquième prime de	40	

Vaches avec leurs suivants.

M. Edouard de Vitry, prime de . . . . 40.

M. Bazin aurait eu droit à une deuxième prime, s'il n'eût retiré une de ses vaches du concours.

Espèce ovine.

M. de Romeuf, de Champignolles, première prime de . . . fr.	70	Total 140.
M. Guillon (François), deuxième prime de	40	
M. Laurent, fermier à La Jenetoie, troisième prime de	30	

Espèce porcine.

M. Ougeot (Claude), de Cordesse, pour un verrat, prime de . . . . 20.

La Commission n'a pas cru devoir décerner d'autres primes.

La Société qui, depuis vingt ans, n'a jamais manqué de prendre l'initiative lorsqu'il s'est agi d'expérimenter une méthode nouvelle, un procédé récemment recommandé, devait nécessairement accueillir avec intérêt l'annonce des prodigieuses améliorations obtenues par le drainage.

Personne n'ignorait jadis la bienfaisante action des assainissements sur nos prairies et nos terres labourables; mais on savait également que cet avantage ne s'obtenait qu'en creusant à grands frais de larges fossés destinés à rester ouverts, et occupant, sans autre profit, des espaces considérables. Ou bien encore ces fossés, garnis de pierres au fond, puis remplis de terre jusqu'au sommet, nécessitaient des dépenses au-dessus des moyens de la plupart des cultivateurs. D'ailleurs, on n'avait jamais eu l'idée de les appliquer aux terres labourables pour les soustraire à l'influence nuisible de l'humidité persistante qui retarde d'une manière si fâcheuse les labours de printemps.

Le drainage, si l'on en croit les organes les plus accrédités de l'agriculture, procure, à des frais beaucoup moindres et bien plus sûrement, les mêmes avantages que les anciens modes d'assèchement, sans en avoir les inconvénients.

On manquait de renseignements précis; la Société ne les a pas négligés. Il fallait posséder une machine à fabriquer les tuyaux de drainage; une allocation de 1,200 francs, sollicitée de M. le Ministre de l'agriculture, a été généreusement accordée. Une machine, d'une construction simple et solide, nous arrive des usines de Fourchambault (Nièvre). Les mesures sont prises pour la faire fonctionner, et, très prochainement, de nombreux tuyaux en terre, soit secondaires, soit collecteurs, seront livrés aux agriculteurs impatients d'en faire usage.

NOTES AGRICOLES.

TERME PROCHAIN DE LA CRISE DES SUBSISTANCES : NÉCESSITÉ D'EN PRÉVENIR LE RETOUR.

Les craintes qu'avait inspirées l'insuffisance de la dernière récolte, et qu'on s'était quelque peu exagérées, ainsi qu'il arrive presque toujours lorsqu'il s'agit de subsistances, commencent à se calmer et se dissiperont entièrement au retour de la belle saison.

Grâce à la sage prévoyance du gouvernement, un large supplément de blés étrangers avait, dès le principe, rassuré les esprits : les ressources locales, l'activité du commerce, la facilité des communications ont constamment assuré l'approvisionnement de nos marchés ; la charité publique et privée a permis de continuer l'œuvre importante instituée pour l'extinction de la mendicité dans la ville d'Autun.

Sans doute quelques misères, d'autant plus intéressantes et respectables qu'elles sont plus soigneusement cachées et supportées avec plus de résignation, ont encore échappé à la vigilance de la charité; néanmoins l'hiver, malgré sa rigueur excessive, n'a point produit ces calamités qui jadis suivaient invariablement une mauvaise récolte. Désormais les travaux reprennent; l'ouvrier pauvre gagnera le pain de sa famille; le prix des grains tend plutôt à s'abaisser qu'à s'accroître, et, dans quatre mois, une récolte nouvelle ramènera l'abondance.

De telles circonstances, et les inquiétudes mêmes auxquelles on est heureux d'échapper, sont faites pour inspirer aux agriculteurs les plus graves réflexions, en même temps qu'elles rendent leur tâche plus difficile et plus impérieuse.

Quoiqu'il ne fût pas probable qu'une seule récolte insuffisante pût causer une crise générale dans les subsistances, qui sait les maux que pourrait engendrer une deuxième année semblable ou plus mauvaise!

Les progrès agricoles obtenus depuis quelques années, et qu'on ne saurait méconnaître sans nier l'évidence, ont déjà changé la situation économique de nos contrées. Sans les produits que ces progrès avaient fait réaliser cette année, l'Autunois, dont les ressources ont été, relativement, assez considérables, serait tombé dans une profonde détresse. Ce que l'agriculture progressive a produit partiellement et insuffisamment, elle doit le compléter par des perfectionnements d'une application plus générale.

Les habitants de nos campagnes sont animés d'une louable émulation ; que les propriétaires du sol les aident de leurs lumières, et surtout un peu de leurs capitaux, et les heureux effets ne s'en feront pas attendre.

Le repos forcé de la morte-saison a déjà pris fin ; la nouvelle campagne, qui s'ouvre sous des auspices qu'il n'est pas encore permis de bien apprécier, réclame les soins assidus et toute l'intelligence de nos agriculteurs. Qu'ils me permettent de leur adresser quelques conseils ; ils me pardonneront de les leur présenter un peu confusément, et tels que me les ont suggérés les divers accidents qui se sont produits dans le cours de la dernière année.

De l'humidité du sol au printemps.

Une des principales causes de la médiocrité et du faible rendement des plantes et céréales d'été, dans nos terres non calcaires, à sous-sol d'argile, c'est leur humidité trop persistante au printemps. Il n'est souvent possible de les labourer et ensemencer que fort tard, lorsque le hâle et la chaleur les ont convenablement égouttées. Mais alors, les pluies cessent totalement ; l'ardeur des rayons du soleil arrête la végétation à peine commencée, et il n'est pas rare de voir certaines plantes parcourir la durée entière de leur existence, sans qu'une seule goutte de pluie ait pénétré jusqu'à leurs racines.

Un labour préparatoire d'automne, bien relevé, dans lequel on multiplie les raies d'écoulement, contribue beaucoup à atténuer cet inconvénient. On possède, en outre, aujourd'hui un autre moyen d'assèchement plus puissant et bien autrement efficace, le drainage qui permet de labourer et de semer presqu'en tout temps; nous en reparlerons.

L'excessive humidité n'est pas ce qui semble le plus à craindre pour ce printemps; il est à souhaiter qu'on ne subisse pas l'inconvénient contraire. Etrange situation faite à l'agriculture, d'avoir sans cesse à redouter quelque excès de température; mais qui devient plus sérieuse en ce moment où il s'agit de réparer des pertes et de combler un déficit dans les approvisionnements de toutes sortes.

Si, contrairement aux apparences, le printemps redevenait très pluvieux, on verrait se reproduire d'une manière inquiétante la cause qui a tant endommagé la dernière récolte des céréales. Les semences étaient fort mélangées et les mauvaises herbes, très multipliées dans les emblavures, se développeraient au grand détriment des récoltes. La température, demeurant un peu sèche, sans l'être assez pour arrêter la croissance des blés, ces derniers prendront bientôt le dessus. Si, au contraire, des pluies abondantes survenaient et se prolongeaient, il faudra, sans plus attendre, nettoyer très soigneusement les récoltes et en faire surtout disparaître les plantes légumineuses grimpantes.

C'est encore au séjour forcé des eaux stagnantes dans les terres à sous-sol d'argile qu'il faut attribuer l'action destructive des gelées de printemps sur les jeunes plantes d'automne. Ces eaux, gelées et dilatées par le froid des nuits, soulèvent le terrain, qui s'affaisse en se dégelant pendant le jour; les plantes restent à la surface et périssent desséchées. Alors il peut être avantageux, mais seulement si le sol n'est pas trop détrempé, d'y passer le rouleau qui les applique et les enfonce en terre où elles reprennent racine.

L'humidité persistante du sol au printemps est souvent accompagnée d'une température basse qui occasionne, à l'époque de la floraison, la coulure plus dommageable encore pour les seigles que pour les froments, et la verse de ces mêmes froments, s'il survient des vents impétueux. Il n'est guère de moyens connus pour empêcher la coulure ; on prévient la verse des froments en choisissant des variétés à tiges moins élevées et plus consistantes [1]. Dans les terrains argileux très

[1] *L'Agriculteur Praticien* (janvier 1854) recommande, comme peu sujet à la verse, le blé rouge de Saint-Laud, particulièrement propre aux terrains argilo-siliceux.

forts, principalement de nature calcaire, les froments barbus versent beaucoup moins que les variétés sans barbes.

Inconvénients qu'entraînent les retards dans toute opération agricole.

Plus que tout autre l'agriculteur est tenu d'exécuter à point ses opérations habituelles, s'il ne veut s'exposer à des pertes sans nombre. Quelquefois même il a plus d'avantage à devancer l'instant opportun qu'à le dépasser. En général, c'est le moment précis et le plus convenable qu'il doit savoir saisir à propos.

Il a, par exemple, à labourer une terre à sous-sol argileux ; le moment le plus opportun serait celui où un reste d'humidité permet au soc de la charrue de pénétrer sans trop d'effort, et n'est pas trop considérable pour empêcher la complète division du sol. Qu'une pluie survienne et se prolonge, ou qu'une série de jours secs fasse disparaître toute fraîcheur : dans le premier cas, il fait un pitoyable labour, dont le mauvais effet se fera sentir toute l'année ; dans le second, il assomme ses animaux de charrue pour remuer une petite étendue et une très mince épaisseur de terre. Dans les récoltes que précède cette culture, on est surpris de voir des parties très dissemblables entre elles, sur des terrains de même qualité ; il n'y faut pas chercher d'autre cause qu'un retard de quelques jours apporté à certains travaux préparatoires. Cette dissemblance se remarque souvent entre les différentes portions d'une céréale, d'une prairie artificielle; un retard, une négligence en ont été les seules causes.

Lorsqu'il s'agit principalement de récolter les produits de la terre, il faut faire preuve de grande activité, de vigilance et d'exactitude. C'est même alors le cas de ne pas attendre l'entière maturité du froment pour le moissonner; on gagne de toute façon à en devancer l'époque; le grain a plus de qualité, une nuance plus satisfaisante: il fait de plus beau pain; surtout s'il est mis en moyettes où il achève de se mûrir, et l'on a en outre l'avantage, qui n'est point à négliger, de payer les moissonneurs beaucoup moins cher.

La culture si importante des pommes de terre exige impérieusement cette grande ponctualité dans ses diverses phases. En attendant trop tard, au printemps, pour les planter, on les expose à des sècheresses, inévitables en cette saison, qui suspendent et arrêtent leur croissance; et l'on abrège tellement la durée de leur végétation, que leurs tubercules n'ont pas le temps de se perfectionner, mûrissent incomplètement et ne produiront l'année suivante que des plantes dégénérées. Telle est, suivant l'opinion émise par plusieurs agronomes, la cause probable de la maladie qui sévit sur cette indispensable récolte. Lorsque le fanage des pommes de terre se desséchant annonce qu'il n'y a plus à attendre, pour les arracher, un retard qui n'ajoute rien à leur maturité ni à leur qualité, les expose à se pourrir en terre par suite des pluies chaudes qui surviennent, et l'on a perdu l'occasion de les vendre avantageusement, en totalité ou en partie, comme produit de primeur.

Les mêmes remarques s'appliquent autant aux prairies et à leur récolte qu'à celle des céréales d'automne. Comme les fauchaisons sont une opération encore plus longue que la moisson, que les soins à y donner sont plus multipliés, qu'un nombre plus considérable de bras doit y être employé, on a d'autant plus d'intérêt à les exécuter avant qu'elles soient généralement ouvertes. Ajoutons qu'on échappe plus tôt ainsi aux orages fréquents de l'été ; et que le foin recueilli avant l'entière floraison des plantes fourragères est infiniment plus substantiel et plus du goût des bestiaux que celui récolté après la formation des graines.

L'irrigation des prairies, qui produit sur toute leur surface un résultat presque instantané lorsqu'elle a lieu à ce moment précis où la terre est suffisamment desséchée, où les plantes, près de donner leurs tiges, ont besoin d'être humectées et rafraîchies, n'a plus qu'un effet insignifiant ou négatif, lorsqu'une sècheresse prolongée a appauvri les plantes, ou lorsque celles-ci ont formé leurs tiges grêles et sans feuillage, épuisées désormais et incapables de prendre leur développement normal.

Il faut convenir que, dans bien des cas, la négligence des cultivateurs est indépendante de leur volonté et résulte de leur manque d'aisance et de moyens pécuniaires. Ils ne peuvent payer des ouvriers auxiliaires ; ils en restreignent le nombre autant que possible ; ils veulent tout faire eux-mêmes et à l'aide de leur seule famille ; ils y sont impuissants ; les ouvrages les plus importants restent en retard ; les produits se détériorent et se perdent, et leur mauvaise qualité laisse la misère où aurait dû régner l'aisance.

Aux petits propriétaires-cultivateurs placés dans ces conditions, je dirai : Si vous n'avez point assez de capitaux ou de crédit pour vous procurer les moyens d'exploiter convenablement votre propriété, louez-en une portion ; n'en réservez que ce que comportent vos forces ; aux fermiers et métayers : gardez-vous de compromettre ce que vous ont laissé vos parents ou ce que vous avez péniblement acquis, en vous chargeant d'un fardeau qui dépasse vos moyens ; faites-vous, si vous le pouvez, les collaborateurs secondaires de tout agriculteur, chaque jour plus facile à rencontrer, comprenant ces vérités et cultivant lui-même ; ce que vous perdrez peut-être en importance de quelques instants, pour n'être point chefs d'une exploitation, vous le gagnerez en tranquillité et en sécurité pour le bien-être de vos enfants. Par la suite, lorsque vous aurez augmenté votre avoir, il sera temps de vous mettre à la tête d'une entreprise sous laquelle, plus tôt, vous auriez succombé.

Avantages que trouve le cultivateur à multiplier et varier ses produits.

On aimerait assez, dans une exploitation rurale, restreindre à un très petit nombre les genres de cultures et de productions ; par exemple, n'y cultiver, en céréales d'hiver, que du seigle ou du froment, selon la nature du sol ; y réduire également autant que possible le nombre des cultures printannières. Il faut réfléchir, d'un autre côté, que si quelque accident imprévu vient endommager cette récolte unique, ou ce petit nombre de récoltes, on s'expose à perdre le revenu de l'année.

Il est plus prudent et toujours plus profitable de multiplier et de varier les produits ; en sorte que, si l'un fait défaut, on soit dédommagé par un ou plusieurs autres.

Les assolements alternes facilitent aujourd'hui cette multiplicité de cultures ; une foule de plantes, autrefois cultivées comme par exception, sont venues s'adjoindre aux deux céréales d'automne presque seules adoptées précédemment. Il ne me paraît pas inutile d'appeler l'attention des cultivateurs sur les avantages particuliers de chacune de ces plantes.

La récolte de froment, la plus lucrative de toutes, peut, en certaines circonstances, être fort médiocre; nous venons d'en faire la triste expérience. Que seraient devenus les cultivateurs? comment les fermiers se seraient-ils acquittés, s'ils n'avaient trouvé une compensation dans les céréales de printemps, sur lesquelles la pluie n'exerce pas une action aussi nuisible?

Il est heureux, en effet, que l'époque de la floraison des seigles et des froments ne coïncide nullement avec celles où fleurissent les avoines et les orges de printemps, ainsi que les deux variétés de sarrasin. La fleur des céréales d'automne a été battue cette année par des pluies interminables; et cette fleur précoce, délicate et apparente au-dehors des épis, subit très facilement l'influence de la température. L'avoine, au contraire, par exemple, qui fleurit plus tard, cachant en outre sa fleur sous l'abri de ses longues balles, est plus sûrement fécondée et avorte beaucoup plus difficilement. Aussi, n'est-ce pas sans motif qu'aujourd'hui l'avoine se place en première ligne des céréales auxiliaires et qu'on la sème très abondamment dans nos terrains non calcaires amendés et régénérés par l'emploi de la chaux.

Cette plante exige peu de labours, un seul lui suffit le plus ordinairement; elle occupe peu de temps le terrain;

les mauvaises herbes bisannuelles ne peuvent lui nuire comme aux céréales d'automne ; elle fatigue et salit par conséquent beaucoup moins le sol ; et par-dessus tout, elle fournit, par sa paille et une faible portion de son grain, un précieux supplément à la nourriture des bestiaux.

L'orge de printemps ne vient qu'en second ordre dans nos terrains encore trop peu amendés et améliorés, où son produit est moins assuré. Sa paille est, en outre, moins du goût des animaux ; et, de même que l'orge est un peu plus difficile au terrain, elle le fatigue et l'effrite aussi davantage. Elle n'en est pas moins destinée à prendre un jour beaucoup d'extension dans nos contrées.

Le sarrasin devait en prendre et en a pris en effet aussitôt après l'adoption d'assolements rationnels et améliorants. Il se sème tard, et alors qu'on s'est acquitté de cette foule de travaux qui rend le printemps si pénible et si fatigant pour le cultivateur et ses animaux de travail. Comme plante-jachère, il utilise la première année d'un assolement ; sans fatiguer le sol qu'il prépare bien à recevoir les céréales d'automne, il donne une récolte en grains quelquefois extraordinairement considérable : il a rendu cette année les plus grands services.

Si je cite ici les cultures oléagineuses, c'est moins pour l'importance qu'elles ont actuellement dans l'Autunois. que pour celle qu'elles y recevront un jour. Les semis à la volée, de navettes et colzas, succédant à des céréales d'automne, ne doivent pas s'y étendre beaucoup. On les y cultivera très fructueusement, surtout le colza, lorsque nos terrains, longtemps chaulés et largement fumés, permettront de le repiquer et de lui donner toutes les façons qu'il reçoit dans les pays devenus ou naturellement plus fertiles. Jusque-là, nous verrons quelques champs de ces plantes consacrés aux besoins de chaque ferme, de chaque ménage, et, très exceptionnellement, quelques beaux champs de colza, précurseurs d'une situation agricole plus avancée et plus prospère.

L'avantage de créer, par la variété des récoltes, une compensation aux pertes qu'on éprouve parfois dans la culture des céréales d'automne, devient une véritable nécessité pour combler la lacune que laisse dans les substances alimentaires la maladie des pommes de terre. Il est en effet difficile de remplacer un produit qui, tout en constituant un des aliments les plus agréables à l'homme, sous les différentes formes auxquelles il se prête, nourrit, engraisse ses animaux de boucherie ou autres, et restitue au sol autant d'éléments de fertilisation qu'il a pu en recevoir.

Ce n'est pas une seule plante qui pourrait remplacer la pomme de terre. Comme farineux, servant à nourrir l'homme, à entretenir et engraisser les animaux, ce n'est pas trop du maïs, de la fèverolle et des autres graines légumineuses. Comme nourriture hâtant la croissance des jeunes bêtes de l'espèce bovine, des porcs et des moutons, donnant du lait aux vaches laitières et aux brebis nourrices, il ne faut pas moins que la betterave, la carotte, la rave ou navet, le topinambour et autres racines.

Toutes ces plantes heureusement s'appliquent, comme la pomme de terre, à la première année de tout assolement dans la culture alterne, mais en multipliant à l'infini les opérations et travaux de culture.

Le maïs, dont la variété dite quarantain convient particulièrement à notre climat froid, reçoit de nombreuses façons et beaucoup d'engrais; conséquemment il prépare bien la place au froment, quoiqu'il soit assez épuisant; il donne beaucoup de grain, et ce grain est un des farineux les plus agréables à l'homme et aux animaux. Quant à la graisse qu'il procure à ces derniers il suffira de citer les délicates volailles de la Bresse fort appréciées partout où on les exporte.

La fèverolle, dont deux variétés se sèment, l'une en automne, l'autre au printemps, convient principalement aux terrains argileux et forts; elle reçoit un ou plusieurs sarclages, selon le besoin, est peu épuisante parce que ses feuilles charnues tirent plutôt leur nourriture de l'atmosphère que du sol; elle fournit des graines abondantes, moins consommées par l'homme que par les animaux auxquels elle donne une graisse fort estimée ; elle remplace en partie l'avoine dans l'alimentation des chevaux.

Parmi les plantes de la famille des légumineuses, on cultive, sur une assez grande échelle et en plein champ, les pois qui sont de deux sortes. Les uns, les pois blancs, sont destinés à la nourriture de l'homme ; les autres, dits pois gris ou bisaille, sont donnés aux animaux. Ils résistent bien à une température un peu froide, réussissent dans des terrains légers ; et, comme plante étouffante, s'ils sont semés suffisamment épais, ils laissent la terre bien préparée pour la récolte qui leur succède.

Au nombre des plantes de cette famille, le haricot non-ramant mérite particulièrement de prendre place dans un bon assolement. Sur nos terres argilo-siliceuses, convenablement amendées et fumées, il donne un produit abondant, un grain très substantiel, fort recherché et d'une vente facile. Après le haricot la réussite du froment est toujours assurée. On a soin d'attendre, pour le semer, qu'il n'y ait plus à craindre la moindre gelée à laquelle il ne résisterait pas.

La culture des plantes-racines, remplaçant en partie la pomme de terre, est décidément adoptée par tout ce que nous avons de cultivateurs un peu progressifs. Comme la plante qu'elles suppléent, elles utilisent la jachère et contribuent beaucoup à la prospérité d'une exploitation rurale, indépendamment des profits qu'on peut quelquefois réaliser par leur vente à la proximité des villes ou des fabriques.

La betterave, dans un terrain préalablement bien labouré et fumé, parvient à une forte dimension ; végétant en grande partie hors du sol, elle le fatigue si peu qu'il est possible de la ramener plusieurs années de suite à la même place, en fumant de nouveau chaque année. Consommée par les jeunes animaux d'espèce bovine, par les moutons et les porcs, elle est pour tous ces animaux un aliment très profitable jusqu'au retour de la nourriture verte, car, de toutes les racines, aucune ne se conserve plus longtemps avec toutes ses qualités nutritives. C'est la betterave disette ou champêtre qu'on consacre à cet usage. Lorsqu'on se trouve à proximité d'une fabrique de sucre ou d'eau-de-vie, on cultive d'autres variétés qu'on utilise directement et d'une façon très lucrative ; mais alors, comme aucune parcelle n'en retourne à la terre, on doit remplacer par d'autres engrais les substances fertilisantes que la betterave y aurait rapportées étant consommée par les bestiaux.

La carotte, non moins utile que la betterave, comme nourriture des animaux, donne bien un peu de peine à son premier âge par les binages minutieux qu'elle exige alors ; elle est peut-être aussi un peu plus difficile au terrain ; mais elle en dédommage largement par son important produit. Elle convient parfaitement aux vaches laitières, aux veaux sevrés, aux chevaux : tous ces animaux la consomment crue ; on la donne cuite, mélangée à des farineux, aux porcs qu'on engraisse.

Le panais produit plus que la carotte; il s'accommode mieux que cette dernière racine des terrains argileux ; il présente en outre l'avantage de ne pas craindre la gelée. A raison de son odeur et de sa saveur un peu fortes, on a quelque peine à y habituer les animaux.

La rave ou navet occupe le terrain moins longtemps que ces diverses plantes ; on ne la sème qu'en juin et même, comme récolte dérobée, en juillet après une céréale d'automne. Il lui suffit d'un sol médiocre, pourvu qu'il soit bien ameubli et convenablement fumé ; il est essentiel de la protéger, lorsqu'elle lève et prend ses premières feuilles, contre la limace son plus dangereux ennemi ; ensuite elle n'exige d'autre soin que d'être éclaircie. Elle croît rapidement et grossit jusqu'en novembre ; on la récolte tard, les premiers froids ne l'endommageant pas sensiblement. C'est la racine qu'on fait manger la première aux animaux, parce que, à l'approche du printemps, elle devient cotonneuse, insipide et beaucoup moins nutritive.

La terre qui a porté toutes ces plantes-racines se trouve, après leur extraction, bien préparée pour recevoir un froment, ou bien après l'hiver une céréale de printemps.

Le topinambour semble prendre un peu de faveur depuis quelques années ; son principal avantage est de ne pas redouter la gelée, de pouvoir n'être récolté qu'après l'hiver et lorsque manque toute autre nourriture verte. Son grand défaut est de repousser obstinément des moindres fragments, qu'on ne peut manquer de laisser en terre ; ce qui fait qu'on est forcé de le cultiver à part, et de le conserver à la même place, qu'on fume et laboure chaque année.

Toutes ces racines, succédanées de la pomme de terre, ne doivent néanmoins la remplacer qu'en partie ; cette dernière est trop précieuse pour qu'il n'y ait pas encore grand avantage à lui conserver une place importante dans la culture malgré les ravages occasionnés par la maladie.

Animaux de travail ; fumiers.

De beaux et nombreux bestiaux, bien nourris, parfaitement soignés, sont l'honneur et la prospérité d'un domaine, en même temps que la richesse de celui qui l'exploite. Dans nos pays où la culture se fait exclusivement avec l'espèce bovine, ces animaux doivent y être l'objet d'attentions minutieuses. Dès que leur âge le permet, on peut leur imposer beaucoup de travail ; leur vigueur et leur admirable patience y suffisent; mais que jamais ce travail n'excède leurs forces. Le cultivateur avide et imprévoyant qui pense ne leur avoir jamais assez demandé; qui ne les sépare pas dans son esprit de ses instruments de labour; qui, après une journée dure et pénible, leur jette avec indifférence une nourriture insuffisante ou mal rationnée, s'aperçoit bientôt, à l'état de sa bourse, qu'il n'a pas pris la meilleure voie.

Le bon chef de culture pense et procède bien différemment : il affectionne ces compagnons de son travail; il ne les perd pour ainsi dire jamais de vue ; sa surveillance est continuelle et ne se relâche pas un instant. En conséquence, jamais un animal n'est attelé qu'il n'ait reçu et consommé sa ration entière; s'il en a laissé une partie au râtelier, cela tient à quelque circonstance qu'il faut découvrir : on lui aura donné du fourrage avarié; ou il n'aura point bu avec les autres, ou bien il est malade. Dans tous les cas, il n'est pas en état de supporter une longue fatigue; il doit rester en repos jusqu'à ce que cette cause cachée soit reconnue. Lorsque, venant d'être dételé, il reste sous l'impression d'une forte chaleur, qu'il a le flanc agité, il faut le préserver d'un refroidissement subit et éviter de le placer dans un courant d'air froid ; on ne lui donne même pas à manger, encore moins à boire, immédiatement, de l'eau fraîche. Un pansement à la main lui est régulièrement administré le matin ; on le lui renouvelle le soir.

Un point fort essentiel est de donner la nourriture au

troupeau et de le conduire à l'abreuvoir toujours exactement aux mêmes heures; hâter ou retarder est fâcheux; les repas doivent chaque jour être également dosés. Il ne faut pas croire qu'un ou plusieurs jours d'abstinence soient avantageusement compensés par quelques jours d'abondance et de profusion.

Lorsqu'une bête, sans cause apparente, s'abstient de manger, demeure triste et semble souffrir, il ne faut pas l'exciter à prendre des aliments; au contraire, un peu de diète peut la remettre en bon état, ou donne le temps de pourvoir à un traitement s'il devient nécessaire.

Les animaux, aussi bien que l'homme, aiment à varier leur nourriture; voilà pourquoi l'on ne peut trop multiplier les différentes sortes de fourrages, naturels ou artificiels, racines et graines farineuses.

Il est très bien de tenir beaucoup de bestiaux, mais il faut en proportionner le nombre à la masse de fourrages et de nourriture qu'on peut leur consacrer. Il n'y a nul avantage à en élever et nourrir de mauvais ou de médiocres; ils consomment autant que de meilleurs, et sont loin de procurer un égal profit, aussi bien pour le travail que pour l'engraissement. Dès qu'on s'aperçoit que de jeunes bêtes ne sont pas d'espérance, il faut s'en défaire et les remplacer par de meilleures. On évite de les tirer d'un pays beaucoup plus fertile que celui où l'on cultive; elles seraient longues à acclimater et dépériraient même sensiblement pendant un certain temps. On connaît bien, dans chaque contrée, les localités voisines fournissant les animaux les plus faciles à habituer au pays qu'on habite; on sait, dans l'Autunois, que les bêtes bovines nivernaises y sont d'un facile entretien.

Des soins particuliers, de la bonne et copieuse nourriture donnés aux bestiaux résulte, en outre, un avantage de grande importance : c'est une quantité proportionnelle de fumiers d'excellente qualité. Il est reconnu que l'engrais produit par des animaux mal substantés et malingres n'est pas seulement moins considérable, il est aussi beaucoup moins gras et moins substantiel. Des bêtes maigres font donc de maigres récoltes, et c'est par ce motif qu'on ne peut reconnaître bon chef de culture celui qui ne prodigue pas des soins intelligents à ses animaux qu'il excède de travail.

L'engraissement de quelques bœufs, chaque année, dans une ferme, est certainement l'un des plus sûrs moyens de la rendre promptement florissante. La bonne nourriture, dont font partie les farineux et les tourteaux de graines oléagineuses, produit les meilleurs fumiers. Il sera objecté que si l'on vendait les denrées consacrées à cet engraissement, on réaliserait peut-être immédiatement le même profit. On peut répondre d'abord qu'en s'y prenant avec quelque intelligence, le profit net immédiat sera déjà notable.

Lorsqu'on est dans l'intention d'engraisser des bœufs, si l'on ne possède pas dans ses étables des animaux parfaitement aptes à prendre la graisse, on vendra ceux qu'on possède et l'on en achètera d'autres plus convenables. Ils seront de grande taille, auront le cuir souple, les formes peu anguleuses, les extrémités petites, les organes de la digestion et de la respiration bien développés; on vérifiera s'ils ont été complètement castrés ou remontés. De tels animaux convenablement traités ne vous laisseront pas en perte. Mais ce qui restera fort à considérer, ce sera une masse de fumiers de première qualité, double en quantité et quadruple en valeur de ce qu'en auraient produit de petits bœufs de travail parcimonieusement alimentés de paille ou de médiocres fourrages.

On a beaucoup reparlé, dans ces derniers temps, de l'avantage qu'il y aurait à substituer, en litière, à la paille, de la terre desséchée, de la tourbe et autres matières semblables.

Il peut en effet se présenter certains cas, par exemple le manque de paille, où il serait fâcheux d'interrompre la production des engrais faute de litière : alors, qu'on emploie de la terre ou toute autre matière susceptible d'absorber les urines et les déjections des animaux; rien de mieux. Mais de nombreux inconvénients doivent résulter de ce moyen : la poussière si ces matières sont sèches, la boue lorsqu'elles seront délayées par les urines, rendront difficile, pour ne pas dire impossible, le maintien d'une propreté indispensable, et exerceront à la longue une fâcheuse influence sur la santé des animaux. On concevrait seulement l'avantage de ce procédé, si la litière terreuse était toujours recouverte d'un peu de paille souvent renouvelée

On a dit aussi qu'il convenait, pour donner plus de qualité aux fumiers, de les laisser séjourner longtemps, pendant plusieurs mois, sous les bestiaux; et l'on signale, en même temps, comme une grande cause d'insalubrité, le maintien dans les cours d'une ferme de la motte habituelle de fumiers ! D'autres, il est vrai, conseillent d'enlever chaque jour le fumier des étables, et de le conduire immédiatement aux champs. Comme moyen terme, bien des gens préfèreront l'habitude sagement contractée de nettoyer les étables une ou deux fois la semaine, et d'établir à proximité la motte de fumier, dont la plus grande partie trouvera son emploi au printemps et le reste aux semailles d'automne.

Drainage : de la meilleure direction à donner aux drains.

Les agriculteurs de nos contrées sont très lents à adopter les innovations agricoles : est-ce apathie ou prudence? on ne saurait le dire; mais il est de fait qu'ils accueillent les novateurs avec une extrême défiance. Il faut reconnaître cependant qu'une fois convaincus, ils se mettent à l'œuvre avec ardeur et réparent bien vite le temps perdu. C'est ainsi que le pays Autunois, après avoir conservé longtemps un attachement obstiné à la culture routinière, est entré résolument et avec plein succès dans la voie des améliorations.

Le drainage, mode nouveau d'assèchement, par des conduits en terre cuite, des prairies et surtout des terrains arables, devait subir les mêmes hésitations. Introduit en France depuis un certain nombre d'années, activement pratiqué déjà par nos voisins de la Nièvre et de la Côte-d'Or, il n'a guère pu pénétrer encore jusqu'à nous. Bientôt il n'en sera plus de même, selon toute apparence : une machine à fabriquer des tuyaux de drainage, due à la munificence du ministère de l'agriculture, va fonctionner immédiatement tout à côté de la ville d'Autun; la Société s'est procuré les modèles d'outils nécessaires pour pratiquer l'ouverture des tranchées ainsi que la pose des conduits; et le printemps ne se passera pas sans que plusieurs entreprises de drainage soient en pleine exécution.

Comme il ne s'agit point ici d'une de ces opérations qu'on puisse facilement modifier lorsqu'on s'est plus ou moins trompé, il serait à souhaiter qu'on fût parfaitement fixé sur les principales dispositions, les dispositions fondamentales, à prendre dans nos terrains à sous-sol d'argile, assez imperméables de leur nature. L'une des plus importantes est la direction à donner aux drains secondaires, soutirant immédiatement l'eau du sein de la terre, et aux drains collecteurs, d'un plus fort diamètre, recevant l'eau ramassée par les tuyaux secondaires.

Les maîtres en science agricole et en drainage ont assez unanimement émis en principe que les plus petits tuyaux, ou drains secondaires, doivent être posés dans le sens de la plus forte pente, et les tuyaux collecteurs en sens inverse.

Avec tout le respect que je professe pour les agronomes éminents dont il vient d'être parlé, et avec la plus grande défiance en mes propres lumières, je crois devoir exposer les motifs pour lesquels je suis persuadé qu'une disposition tout opposée doit être donnée aux drains. Me fondant sur mon expérience et sur ce que je possède de pratique des assainissements, je prétends que les conduits secondaires doivent être placés en travers de la plus forte inclinaison du terrain, et les autres dans le sens opposé; en ménageant toutefois aux premiers une pente suffisante pour favoriser l'écoulement des eaux qu'ils recueillent.

En effet, si les drains secondaires sont posés dans le sens de la plus forte pente, chacun d'eux ne présentant à l'eau qu'une étroite ligne de petites ouvertures n'assainit que cette ligne, et nullement les autres points soit latéraux, soit supérieurs. Non-seulement l'eau ne se détournera pas de sa pente naturelle pour aller chercher latéralement une issue ; mais encore celle qui découle des parties supérieures formant le prolongement de la ligne des tuyaux viendra, par l'effet de l'attraction, rejoindre et accompagner les nombreux petits courants établis dans l'intervalle des drains secondaires. Dès-lors, cet intervalle ne sera point assaini.

Si, contrairement à cette disposition, les drains secondaires sont placés de manière à couper la pente par des lignes transversales, à peu près horizontales, c'est-à-dire ayant la faible inclinaison indispensable pour favoriser l'écoulement, on aura la certitude de ne laisser échapper aucune parcelle de l'eau provenant des points supérieurs ; et la surface entière se trouvera assainie, surtout si l'on place un premier drain secondaire à la partie la plus élevée du terrain.

Un fait, facile à constater, démontre que les drains secondaires posés dans le sens de la forte pente ne peuvent soutirer et recueillir toute l'eau des points supérieurs et latéraux ; c'est que, dans nos prés à sous-sol d'argile imperméable, des fossés profonds ayant cette direction n'empêchent pas des masses de joncs de croître et se maintenir à quelques centimètres de leurs bords ; tandis que des fossés de même profondeur, creusés transversalement, garnis de joncs jusqu'à leur bord supérieur, les font tous disparaître au-dessous deux. Pourquoi en serait-il différemment pour des lignes transversales de drains ?

Ce qui donnerait une grande importance à cette direction à peu près horizontale des drains secondaires, si l'on admet une fois leur efficacité, c'est que l'opération du drainage en serait grandement simplifiée et beaucoup moins dispendieuse; car, chaque ligne secondaire supprimant au-dessous d'elle toute eau provenant des points supérieurs, il ne redeviendrait nécessaire d'en établir une autre inférieure qu'à une distance assez considérable. Il en résulterait une grande réduction de la dépense, seul obstacle, pour beaucoup d'agriculteurs, à l'adoption plus générale du drainage.

Il est superflu d'observer qu'après avoir dirigé transversalement et à peu près horizontalement les lignes de drains secondaires, les drains collecteurs devront être posés dans le sens de la plus forte pente. Par ce moyen on obtiendra, ainsi que cela est prescrit pour ces derniers, une inclinaison plus rapide, nécessaire pour favoriser le prompt écoulement des eaux qui y pénètrent de toutes parts à l'issue des drains secondaires.

Autun, 15 mars 1854.

V. P. REY,

Président de la Société d'agriculture d'Autun.

www.ingramcontent.com/pod-product-compliance
Lightning Source LLC
LaVergne TN
LVHW012019160826
845678LV00002B/910

* 9 7 8 2 3 2 9 6 6 3 4 5 6 *